A GEOGRAFIA DE PARANAPIACABA

ASPECTOS FISIOGRÁFICOS, HISTÓRIOS E TURÍSTICOS

JOSE RUIZ WATZECK

WATZECK HOME STUDIUS DIGITAL WHSD

Direitos autorais © 2020 José Ruiz Watzeck

Todos os direitos reservados

Nenhuma parte deste livro pode ser reproduzida ou armazenada em um sistema de recuperação, ou transmitida de qualquer forma ou por qualquer meio, eletrônico, mecânico, fotocópia, gravação ou outro, sem a permissão expressa por escrito da editora.

Design da capa por: WATZECK HOME STUDIUS DIGITAL
Impresso nos Estados Unidos da América e na Europa

ÍNDICE

Página do título
Direitos autorais
PREFÁCIO — 2
INTRODUÇÃO — 4
CAPÍTULO 1: HISTÓRIA DE PARANAPIACABA — 7
CAPÍTULO 2: GEOLOGIA E GEOMORFOLOGIA — 10
CAPÍTULO 3: CLIMA E METEOROLOGIA — 15
CAPÍTULO 4: HIDROGRAFIA DE PARANAPIACABA — 19
CAPÍTULO 5: ASPECTOS AMBIENTAIS E DESAFIOS DE SUSTENTABILIDADE EM PARANAPIACABA — 24
CAPITULO 6: RELEVO — 30
CAPÍTULO 7: ATRAÇÕES TURÍSTICAS — 34
CAPITULO 8: PROBLEMAS CONTEMPORÂNEOS — 37
CAPITULO 9: A PRESERVAÇÃO DA FERROVIA — 39
COMO CHEGAR EM PARANAPIACABA — 41
GALERIA DE IMAGENS — 43
REFERÊNCIAS BIBLIOGRÁFICAS — 60
Sobre o autor — 62

PROFJOSÉRUIZWATZECK

PREFÁCIO

É com imenso prazer que apresento este livro, "Geografia de Paranapiacaba - Aspectos Fisiográficos, Históricos e Turísticos". Esta obra nasceu da minha paixão pela Vila de Paranapiacaba, um lugar que, além de ser um marco histórico e cultural, é um verdadeiro tesouro natural no estado de São Paulo.

Paranapiacaba, cujo nome evoca o significado poético de "lugar de onde se vê o mar", é um local de interseção entre o passado e o presente, entre a natureza e a civilização. Fundada no século XIX como uma vila operária para a construção da Estrada de Ferro Santos-Jundiaí, Paranapiacaba preserva em suas ruas e construções a memória de um tempo em que o progresso ferroviário era sinônimo de desenvolvimento e modernidade.

Este estudo foi elaborado como uma ferramenta acadêmica valiosa para alunos e professores dos cursos de Geografia e História, abrangendo desde o ensino fundamental até o universitário. Espera-se que possa auxiliar em trabalhos de campo e pesquisas acadêmicas, oferecendo uma compreensão aprofundada dos aspectos fisiográficos e históricos de Paranapiacaba.

Os aspectos fisiográficos, estudados na Geografia Física, tratam dos fenômenos naturais, representando e detalhando a natureza com base em clima, relevo, vegetação e recursos hídricos. Por outro lado, os aspectos históricos envolvem decisões políticas, fatos históricos, disputas militares e civis, e o desenvolvimento de instituições sociais.

Durante uma das minhas visitas a Paranapiacaba, observei problemas contemporâneos que ameaçam os pontos turísticos da cidade. Este projeto foi elaborado com o intuito de gerar análises, compreensões e apontamentos que promovam o turismo na região de maneira colaborativa. Com o levantamento de dados cruciais, foi possível obter informações que proporcionaram o desenvolvimento desta obra, visando aproveitar a região de forma prática e técnica, e articular a criação de um plano turístico regional.

Este livro está organizado em três partes principais. Na primeira, exploramos os aspectos fisiográficos de Paranapiacaba, detalhando sua geologia, clima, hidrografia e vegetação. Essa seção oferece uma compreensão profunda das características naturais que tornam a vila tão especial. Na segunda parte, mergulhamos na história de Paranapiacaba, desde suas origens e desenvolvimento até o papel crucial que desempenhou na história ferroviária do Brasil. Finalmente, na terceira parte, destacamos o potencial turístico de Paranapiacaba, abordando suas atrações, infraestrutura e o impacto do turismo na região.

Meu objetivo ao escrever este livro é proporcionar uma visão abrangente e detalhada de Paranapiacaba, mostrando sua importância não apenas como um destino turístico, mas como um lugar de significância histórica e ecológica. Espero que esta obra inspire você a descobrir, explorar e valorizar Paranapiacaba, assim como eu fui inspirado a escrever sobre ela.

Agradeço a todos que, de alguma forma, contribuíram para a realização deste livro, e convido você, caro leitor, a embarcar nesta viagem pelo tempo e pelo espaço, explorando os múltiplos aspectos de uma das vilas mais encantadoras e significativas do Brasil.

INTRODUÇÃO

Paranapiacaba é uma pequena vila localizada no município de Santo André, no estado de São Paulo, Brasil. Com um nome que deriva do tupi-guarani e significa "lugar de onde se vê o mar", Paranapiacaba é uma joia histórica e natural que oferece uma combinação única de patrimônio cultural, beleza natural e importância histórica. Este capítulo busca apresentar uma visão geral de Paranapiacaba, destacando sua relevância no contexto geográfico, histórico e turístico.

História e Origem

A história de Paranapiacaba está intimamente ligada ao desenvolvimento ferroviário no Brasil. Fundada no século XIX, a vila surgiu como uma base operacional para a construção da Estrada de Ferro Santos-Jundiaí, uma das mais importantes linhas ferroviárias do país. A construção da ferrovia foi um marco na história brasileira, facilitando o transporte de café do interior paulista para o porto de Santos, impulsionando o desenvolvimento econômico da região.

O projeto foi liderado pela empresa inglesa São Paulo Railway Company, e a vila foi planejada para abrigar os trabalhadores da ferrovia. A arquitetura de Paranapiacaba reflete essa influência britânica, com casas de madeira e construções que remetem a uma vila inglesa do século XIX.

Importância Geográfica

Paranapiacaba está situada na Serra do Mar, uma cadeia de montanhas que se estende ao longo da costa sudeste do Brasil. A localização privilegiada da vila oferece vistas deslumbrantes e uma rica biodiversidade. A região é caracterizada por um clima tropical de altitude, com neblina frequente que confere um charme especial ao lugar.

A vila está inserida em uma área de grande importância ecológica, com remanescentes de Mata Atlântica. Essa vegetação exuberante abriga uma variedade de espécies de fauna e flora, muitas das quais endêmicas e ameaçadas de extinção, tornando Paranapiacaba um ponto focal para estudos ambientais e conservação da biodiversidade.

Relevância Turística

Hoje, Paranapiacaba é um destino turístico popular, atraindo visitantes interessados em sua rica história, paisagens naturais e trilhas ecológicas. O turismo em Paranapiacaba é diversificado, incluindo ecoturismo, turismo histórico e cultural, e atividades ao ar livre como caminhadas e observação de aves.

A vila sedia eventos anuais que celebram sua herança cultural e histórica, como o Festival de Inverno de Paranapiacaba, que atrai turistas de diversas partes do Brasil. Além disso, a vila possui museus e centros culturais que preservam e exibem sua história ferroviária e cultural.

Este livro tem como objetivo fornecer uma visão abrangente de Paranapiacaba, explorando seus aspectos fisiográficos, históricos e turísticos. Através de uma abordagem multidisciplinar, esperamos oferecer uma compreensão profunda e rica da vila, destacando sua importância e potencial.

O livro está dividido em três partes principais:

1. Aspectos Fisiográficos: Explorando a geologia, o clima, a hidrografia e a vegetação da região, esta seção fornecerá uma visão detalhada das características naturais de Paranapiacaba.

2. Aspectos Históricos: Esta seção traçará a evolução histórica da vila, desde sua fundação até os dias atuais, destacando eventos significativos e o desenvolvimento socioeconômico.

3. Aspectos Turísticos: Focando nas atrações turísticas, infraestrutura e atividades oferecidas, esta parte do livro mostrará

como Paranapiacaba se tornou um destino turístico popular e importante.

Paranapiacaba é uma vila de singular beleza e importância, tanto do ponto de vista histórico quanto geográfico. Sua combinação única de patrimônio cultural, riqueza natural e relevância histórica a torna um lugar fascinante para estudo e visitação. Este livro pretende ser uma contribuição significativa para a compreensão e apreciação de Paranapiacaba, oferecendo uma visão abrangente de seus múltiplos aspectos.

CAPÍTULO 1: HISTÓRIA DE PARANAPIACABA

Em 1850, Irineu Evangelista de Souza, conhecido como Barão de Mauá, iniciou um ambicioso projeto: a construção de uma Estrada de Ferro que ligaria Santos a Jundiaí. Seu empenho culminou em 1856, quando um Decreto Imperial concedeu-lhe o privilégio exclusivo de construção e exploração da ferrovia por 90 anos. A empresa resultante, The São Paulo Railway Company Ltd. (SPR), foi formalizada em 1860, após reunir o capital necessário.

Paranapiacaba surgiu como um acampamento para os trabalhadores que enfrentaram os desafios da Serra do Mar durante a construção da ferrovia. Com a inauguração em 1867, a SPR teve que manter operários no local para garantir a operação e a manutenção da linha. A expansão subsequente da ferrovia levou à construção da vila de Martin Smith, no Alto da Serra, caracterizada por ruas arborizadas e sistemas modernos de água e esgoto.

Na década de 1940, a vila passou por mudanças significativas: foi renomeada para Paranapiacaba em 1945, e no ano seguinte, a São Paulo Railway Co. foi incorporada ao patrimônio da União, encerrando a presença dos ingleses na região. O governo federal assumiu a responsabilidade pela ferrovia, mantendo a qualidade no transporte de carga e passageiros.

Durante o período inglês, Paranapiacaba exibia uma atmosfera europeia, com casas de madeira, quintais cercados por arbustos vivos e ruas tranquilas ladeadas por pinheiros. A Parte Alta contrastava com uma ocupação urbana influenciada pela arquitetura portuguesa, com ruas estreitas e casas alinhadas.

Em 1982, o icônico Sistema Funicular, construído pelos ingleses, encerrou suas operações, marcando o fim de uma era glamourosa e o início dos esforços para preservar a história da ferrovia. Um movimento crescente buscou transformar Paranapiacaba em um destino turístico, valorizando seu patrimônio histórico, cultural e natural.

Em 1987, foi elaborado um plano integrado de preservação e revitalização pela Emplasa, seguido pelo tombamento histórico pelo Condephaat no mesmo ano, garantindo a proteção legal da área como um interesse público. Em 2000, Paranapiacaba foi oficialmente reconhecida como parte da Reserva da Biosfera da UNESCO, destacando sua importância ambiental global.

A partir de 2001, a Prefeitura de Santo André assumiu a administração da vila, culminando na compra formal da Rede Ferroviária Federal S.A. (RFFSA) em 2002. O Parque Natural Municipal Nascentes de Paranapiacaba foi criado em 2003, cercando a vila com Mata Atlântica preservada.

Hoje, Paranapiacaba abriga dois museus importantes: o Castelinho, que conta a história da SPR, e o Funicular, onde locomotivas e equipamentos ferroviários são exibidos. A vila é cercada por unidades de conservação, proporcionando um cenário natural deslumbrante com trilhas populares como Pontinha, Mirante e Água Fria, que oferecem uma experiência única aos visitantes.

Impactos Econômicos e Sociais da Ferrovia

A São Paulo Railway Company não apenas transformou o transporte de cargas e passageiros no Brasil, mas também teve um impacto profundo na economia local e nacional. Paranapiacaba tornou-se um centro vital para o transporte de café, o principal produto de exportação do país na época, e contribuiu significativamente para o desenvolvimento industrial e urbano de São Paulo.

Declínio e Preservação Histórica

Com o advento de novas tecnologias e mudanças nos padrões de transporte, Paranapiacaba viu seu papel como centro ferroviário diminuir gradualmente ao longo do século XX. No entanto, seu valor histórico e arquitetônico foi reconhecido e preservado, levando à designação de Patrimônio Histórico Nacional e esforços contínuos para restaurar e manter suas estruturas originais.

Desafios e Oportunidades Atuais

Hoje, Paranapiacaba enfrenta desafios para equilibrar a preservação de seu patrimônio histórico com o desenvolvimento econômico e sustentável. Iniciativas estão em andamento para promover o turismo cultural e ambiental na região, aproveitando sua rica história e paisagens naturais únicas como atrativos.

A história de Paranapiacaba é um testemunho vivo do impacto transformador da industrialização e da engenharia ferroviária no Brasil. Ao mesmo tempo, representa um desafio contínuo para assegurar que seu legado histórico seja protegido e celebrado, enquanto se busca um futuro sustentável para esta joia na Serra do Mar.

CAPÍTULO 2: GEOLOGIA E GEOMORFOLOGIA

A geologia e a geomorfologia de Paranapiacaba são fundamentais para compreender a formação e as características físicas da região. A vila está situada na Serra do Mar, uma cadeia de montanhas que se estende ao longo da costa sudeste do Brasil, desempenhando um papel crucial na definição da paisagem e na biodiversidade local. Neste capítulo, exploraremos a formação geológica, os principais tipos de rochas presentes, os processos geomorfológicos e a influência desses aspectos na configuração atual da região.

Formação Geológica

Paranapiacaba está localizada em uma área geologicamente complexa, que faz parte do Cinturão Orogênico da Serra do Mar. Esta formação resulta de eventos tectônicos que ocorreram ao longo de milhões de anos. A Serra do Mar foi formada durante o Período Cretáceo, quando o movimento das placas tectônicas causou o soerguimento da crosta terrestre, criando as montanhas e vales característicos da região.

As rochas que compõem a base geológica de Paranapiacaba são predominantemente de origem metamórfica, como gnaisses e xistos, que se formaram sob altas pressões e temperaturas. Essas rochas são frequentemente encontradas expostas em afloramentos ao longo da região, oferecendo uma janela para a história geológica do local.

Principais Tipos de Rochas

Os tipos de rochas presentes em Paranapiacaba incluem:

1. Gnaisses: Estas são rochas metamórficas de granulação grossa, compostas principalmente por quartzo, feldspato e mica. Os

gnaisses de Paranapiacaba são evidências de antigas atividades tectônicas que ocorreram em profundidades significativas da crosta terrestre.

2. Xistos: Outra rocha metamórfica comum na região, os xistos são caracterizados por sua estrutura foliada, o que permite que eles se quebrem facilmente em camadas finas. Esta característica é resultado da recristalização de minerais sob condições de pressão e temperatura elevadas.

3. Quartzitos: Originados a partir da metamorfose de arenitos ricos em quartzo, os quartzitos são rochas duras e resistentes. Sua presença na região indica processos de metamorfismo intenso.

Processos Geomorfológicos

A geomorfologia de Paranapiacaba é marcada por uma série de processos naturais que moldaram a paisagem ao longo do tempo. Entre os principais processos geomorfológicos, destacam-se:

1. Erosão: A ação combinada da água, vento e gravidade contribui para a erosão das rochas e solos da região. A erosão fluvial, em particular, tem um papel significativo na formação dos vales e na modelagem das encostas íngremes da Serra do Mar.

2. Intemperismo: Este processo envolve a decomposição física e química das rochas expostas à superfície. O intemperismo físico ocorre através da fragmentação das rochas por ação mecânica, enquanto o intemperismo químico envolve reações que alteram a composição mineralógica das rochas.

3. Movimentos de Massa: Deslizamentos de terra e quedas de rochas são comuns em regiões montanhosas como Paranapiacaba. Estes movimentos são frequentemente desencadeados por chuvas intensas, que saturam os solos e reduzem sua estabilidade.

Influência na Configuração Atual

Os processos geológicos e geomorfológicos que atuaram na região ao longo de milhões de anos resultaram na formação de uma paisagem diversificada e rica em biodiversidade. As encostas íngremes da Serra do Mar, cobertas por remanescentes de Mata Atlântica, proporcionam um habitat ideal para uma vasta gama de espécies vegetais e animais.

Espécies Vegetais

A vegetação de Paranapiacaba é predominantemente composta por remanescentes da Mata Atlântica, um dos biomas mais ricos em biodiversidade do mundo. Algumas das principais espécies vegetais encontradas na região incluem:

Araucária (Araucaria angustifolia): Também conhecida como pinheiro-do-paraná, é uma espécie nativa do Brasil que pode ser encontrada em áreas de maior altitude.

Palmeira-juçara (Euterpe edulis): Esta palmeira é conhecida por seus frutos, que são utilizados na produção de açaí, e é uma espécie crucial para a fauna local.

Ipê-amarelo (Handroanthus albus): Uma árvore de grande porte conhecida por suas flores amarelas vibrantes, que florescem durante o inverno.

Figueira (Ficus spp.): Árvores grandes e robustas que oferecem sombra e abrigo para diversas espécies animais.

Samambaias (Pteridophyta): Plantas de folhagem exuberante que prosperam em ambientes úmidos e sombreados, comuns na região.

Espécies Animais

A fauna de Paranapiacaba é igualmente diversa, abrigando inúmeras espécies de animais, incluindo mamíferos, aves, répteis e insetos. Algumas das espécies mais notáveis são:

Mono-carvoeiro (Brachyteles arachnoides): Também conhecido como muriqui-do-sul, é um dos maiores primatas das Américas e está em risco de extinção.

Onça-parda (Puma concolor): Um dos maiores predadores da

região, também conhecida como puma ou suçuarana.

Tucano-de-bico-verde (Ramphastos dicolorus): Ave de plumagem vibrante e bico característico, comum nas florestas da Mata Atlântica.

Jararaca (Bothrops jararaca): Uma serpente venenosa encontrada na região, importante para o equilíbrio ecológico.

Borboleta-azul (Morpho spp.): Conhecida por suas asas de cor azul brilhante, é uma das espécies de borboletas mais belas da Mata Atlântica.

Além disso, a geologia e a geomorfologia da região têm um impacto direto sobre o clima local. A presença das montanhas influencia a circulação de ar e a formação de neblina, criando um microclima único que caracteriza Paranapiacaba.

A geologia e a geomorfologia de Paranapiacaba são essenciais para entender a formação e as características físicas da região. A combinação de rochas metamórficas, processos erosivos e movimentos de massa moldou uma paisagem única que, além de bela, é de grande importância ecológica. Compreender esses aspectos não só enriquece nosso conhecimento sobre Paranapiacaba, mas também destaca a necessidade de preservar essa área tão especial.

A GEOGRAFIA DE PARANAPIACABA

CAPÍTULO 3: CLIMA E METEOROLOGIA

Paranapiacaba possui um clima que é fortemente influenciado por sua localização na Serra do Mar e por sua vegetação exuberante. A combinação desses fatores cria um microclima distinto, caracterizado por alta umidade, frequentes neblinas e temperaturas amenas ao longo do ano. Este capítulo aborda os principais aspectos climáticos e meteorológicos de Paranapiacaba, analisando como eles afetam a vida na vila e contribuem para sua atmosfera única.

Foto Trilha do Mirante

Características Climáticas

O clima de Paranapiacaba é classificado como tropical de altitude, o que significa que, embora a vila esteja em uma latitude tropical, a altitude elevada modera as temperaturas, resultando em um clima mais ameno. As principais características climáticas da região incluem:

1. Temperatura: As temperaturas em Paranapiacaba são

relativamente estáveis ao longo do ano, com uma média anual em torno de 18°C. Os verões são amenos, com temperaturas raramente ultrapassando os 25°C, enquanto os invernos podem ser frios, com mínimas que ocasionalmente caem abaixo dos 10°C.

2. Precipitação: A região recebe uma quantidade significativa de chuva, com uma média anual superior a 2.000 mm. As chuvas são mais intensas durante o verão, de dezembro a março, enquanto os meses de inverno são relativamente mais secos. A alta precipitação é crucial para a manutenção da Mata Atlântica local.

3. Neblina: Uma das características mais distintivas de Paranapiacaba é a frequente presença de neblina, especialmente durante as manhãs e tardes. A neblina é causada pela umidade elevada e pelas condições orográficas, onde o ar úmido é forçado a subir as encostas da serra, resfriando-se e condensando-se em gotículas de água.

Efeitos do Clima na Vida Humana

O clima de Paranapiacaba não apenas molda a vida selvagem, mas também afeta significativamente a vida dos habitantes humanos. A presença constante de neblina e as temperaturas amenas criam uma atmosfera pitoresca que atrai turistas, especialmente durante os meses mais quentes. No entanto, o clima úmido também pode apresentar desafios, como problemas respiratórios devido à alta umidade e dificuldades de acesso durante períodos de chuvas intensas.

Além disso, a alta precipitação e a neblina frequente influenciam as práticas agrícolas locais. Plantas que requerem alta umidade e temperaturas moderadas, como hortaliças e frutas tropicais, são comuns na região.

CLIMATOLOGIA

📍 Paranapiacaba - SP

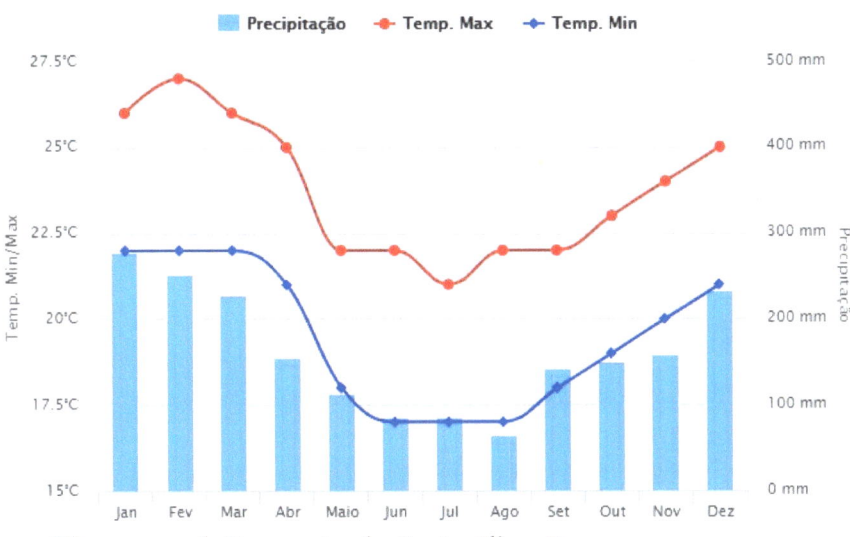

Climograma de Paranapiacaba Fonte: Clima Tempo

O clima e a meteorologia de Paranapiacaba desempenham um papel crucial na definição das características únicas da vila. As condições climáticas, marcadas por alta umidade, neblina frequente e temperaturas amenas, contribuem para a riqueza da biodiversidade local e moldam a vida dos habitantes humanos. Entender esses aspectos climáticos é essencial para apreciar plenamente a complexidade e a beleza de Paranapiacaba.

CAPÍTULO 4: HIDROGRAFIA DE PARANAPIACABA

A região de Paranapiacaba é marcada por uma rica diversidade hidrográfica que desempenha papéis vitais na ecologia, na economia e na vida cotidiana dos habitantes locais. Este capítulo explora não apenas os cursos d'água diretamente em Paranapiacaba, mas também a influência da bacia hidrográfica da Billings e suas implicações ambientais e legais.

Principais Cursos D'água

Paranapiacaba está situada em uma região privilegiada em termos de recursos hídricos, com diversas nascentes e cursos d'água que contribuem para a formação de importantes rios e riachos. Entre os principais cursos d'água estão:

1. Rio Mogi das Cruzes: Nasce nas escarpas da Serra do Mar, ao sul de Paranapiacaba, e desempenha um papel crucial no abastecimento hídrico da região.

2. Rio Taiaçupeba: Afluente do Rio Mogi das Cruzes, que contribui significativamente para a rede hidrográfica local.

3. Córregos e Riachos Locais: Além dos rios principais, Paranapiacaba possui uma rede densa de córregos e riachos que são essenciais para a manutenção da vegetação e da fauna local.

Bacia Hidrográfica da Billings

A bacia hidrográfica da Billings exerce uma influência significativa sobre Paranapiacaba. Localizada ao norte da vila, esta bacia abrange uma extensa área com diversos rios e mananciais, incluindo o Rio Grande (ou Jurubatuba), Ribeirão Pires, Rio Pequeno, entre outros. A bacia é protegida por legislações ambientais rigorosas, como as Leis de Proteção aos Mananciais e a Lei Específica da Billings, que visam preservar e recuperar seus recursos naturais.

Uso do Solo e Impactos Ambientais

Segundo análises do Instituto Socioambiental, a bacia da Billings apresenta uma variedade de coberturas de solo, com aproximadamente 52% de seu território coberto por vegetação natural, especialmente Mata Atlântica em estágio avançado de regeneração nas porções sudeste, sul e sudoeste. No entanto, áreas ao norte da bacia, como Diadema, sofrem com elevada urbanização e perda de vegetação nativa.

Desafios Ambientais e Legais

A urbanização desordenada e outras atividades antrópicas têm contribuído para o desmatamento e a degradação ambiental em algumas partes da bacia da Billings. O avanço de loteamentos irregulares tem sido uma preocupação, especialmente na Área de Proteção e Recuperação dos Mananciais (APRM), onde existem desafios significativos de regularização fundiária e adequação às normas ambientais.

Infraestrutura e Saneamento Básico

Paranapiacaba enfrenta desafios significativos em termos de infraestrutura de saneamento básico. A vila, situada a uma grande distância do município sede, carece de sistemas modernos de tratamento de água e esgoto. Atualmente, há um projeto pendente para a construção de uma Estação de Tratamento de Água (ETA) autorizado pela Cetesb desde 2012, porém sem prazo definido para o início das obras.

Conclusão

A hidrografia de Paranapiacaba e sua conexão com a bacia hidrográfica da Billings são fundamentais para a sustentabilidade ambiental e o desenvolvimento da região. A gestão integrada desses recursos hídricos, aliada ao cumprimento das legislações ambientais vigentes, é essencial para garantir a preservação dos ecossistemas aquáticos e o fornecimento sustentável de água para as comunidades locais. No próximo capítulo, exploraremos a rica história cultural e o patrimônio arquitetônico de Paranapiacaba, destacando seu papel como um importante centro histórico e cultural na região da Serra do Mar.

Bacia Hidrográfica da Represa Billings

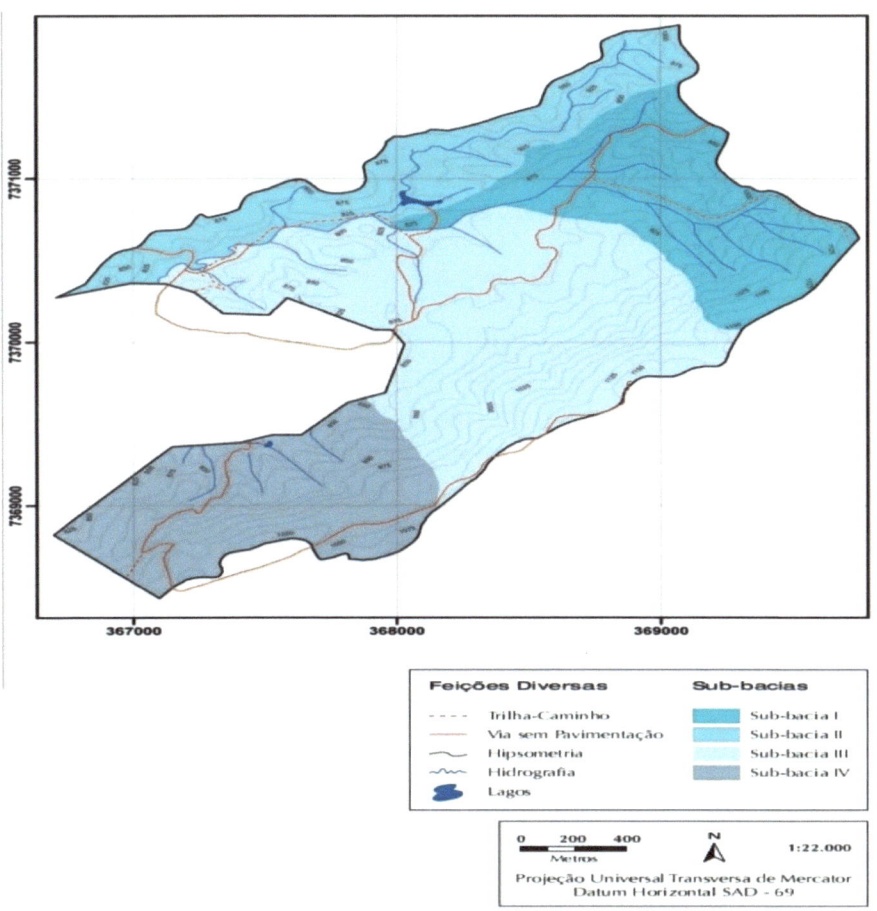

É preciso ressaltar que, a represa Billings é dividida em oito unidades conhecidas como braços, correspondendo às sub-regiões da bacia hidrográfica: o braço do Rio Grande, também conhecido como Jurubatuba, separado do Corpo Central pela barragem da rodovia Anchieta; o braço do Rio Pequeno; o braço do Rio Capivari; o braço do Rio Pedra Branca; o braço do Taquacetuba; o braço do Bororé; o braço do Cocaia; e o braço do Alvarenga.

Para estabelecer limites claros das Áreas de Intervenção e diretrizes urbanísticas e ambientais eficazes, adotou-se uma segmentação da bacia Billings em unidades territoriais denominadas Compartimentos Ambientais. Essa segmentação possibilita o estabelecimento de diretrizes, metas e normas ambientais e urbanísticas específicas para cada porção do território, visando garantir maior eficácia na recuperação e proteção dos recursos hídricos. Os Compartimentos Ambientais são unidades de planejamento com características ambientais distintas, definidas pelos braços dos cursos d'água que formam o reservatório Billings.

A bacia Billings está subdividida em cinco Compartimentos Ambientais principais: Corpo Central I, Corpo Central II, Taquacetuba-Bororé, Capivari-Pedra Branca e Rio Pequeno-Rio Grande. Essa divisão facilita um diagnóstico mais preciso das áreas sujeitas a impactos negativos devido às mudanças no uso do solo ou às pressões urbanas, permitindo uma gestão mais efetiva e adaptada às características específicas de cada região.

CAPÍTULO 5: ASPECTOS AMBIENTAIS E DESAFIOS DE SUSTENTABILIDADE EM PARANAPIACABA

Paranapiacaba não é apenas um centro histórico-cultural, mas também um ecossistema rico e diversificado que enfrenta desafios significativos em termos de sustentabilidade ambiental. Este capítulo explora os aspectos ambientais específicos de Paranapiacaba, abordando desde a biodiversidade local até os desafios enfrentados na preservação desses recursos naturais.

Biodiversidade Vegetal e Animal

Paranapiacaba abriga uma rica variedade de espécies vegetais e animais, resultado de sua localização privilegiada na Serra do Mar e da presença de diferentes tipos de vegetação, incluindo remanescentes de Mata Atlântica. Entre as espécies animais encontradas na região estão diversas aves, como tucanos e saíras, além de mamíferos como capivaras e quatis. A vegetação inclui árvores como palmitos, jequitibás e guapuruvus, contribuindo para a diversidade ecológica da área.

Vegetação

O distrito de Paranapiacaba apresenta características de Mata Atlântica, composta por floresta ombrófila densa que ocupa faixas de altitude entre 500m e 1500m, conforme dados do projeto RADAMBRASIL de 1983.

Originalmente estendendo-se desde a zona da mata nordestina no Rio Grande do Norte até a região costeira de Santa Catarina, a Mata Atlântica é um dos biomas mais degradados no estado de São Paulo, com seus trechos mais preservados localizados nas encostas íngremes da Serra do Mar.

A vegetação é densa, dominada por árvores com abundância de trepadeiras e epífitas que envolvem troncos e ramos, reduzindo a luz que chega ao solo. As árvores alcançam até 20 a 30 metros de altura, com caules robustos e copas frondosas, adaptadas ao relevo íngreme da região.

Um estudo recente mapeou fragmentos de floresta na região de Paranapiacaba e no Parque Andreense, identificando uma extensão superior a 5.000 metros quadrados de maciços florestais. Aproximadamente 86,3% da área ainda está coberta por mata nativa, enquanto 13,7% apresenta ocupação humana, sendo classificada como "não maciça" com solo exposto e ausência de cobertura vegetal.

Dentre as áreas estudadas, 45,2% possuem floresta em estágio secundário avançado de regeneração, 32,6% em estágio secundário médio, 6,9% em estágio secundário inicial, e 1,6% em estágio secundário pioneiro de regeneração. Há uma tendência natural de regeneração nas áreas menos impactadas pela interferência humana.

Segundo o CONAMA (Conselho Nacional do Meio Ambiente), responsável pela classificação e resolução de reflorestamento na região, áreas prioritárias para recuperação incluem locais sem cobertura florestal ou com solos expostos. As estratégias de reflorestamento variam desde Estudos de Impacto Ambiental (EIA) com seus respectivos Relatórios de Impacto Ambiental (RIMA) até Planos de Recuperação de Áreas Degradadas (PRAD), essenciais para mitigar impactos ambientais significativos causados por atividades degradadoras ou modificadoras do meio ambiente.

Medidas incluem recuperação do solo através de controle erosivo, descompactação e correção química do solo, além da eliminação de espécies exóticas invasoras que dificultam a regeneração florestal. A regeneração natural visa monitorar e apoiar o crescimento de espécies nativas, removendo plantas invasoras que possam interferir no processo.

Práticas agrícolas sustentáveis também são promovidas, como o plantio de leguminosas que reciclam nutrientes do solo, reduzindo o uso de fertilizantes minerais nitrogenados e promovendo a sustentabilidade da agricultura local.

Na área urbana, remanescentes vegetais são encontrados principalmente em áreas verdes, incluindo onze parques urbanos que cobrem cerca de 0,7% do território municipal. A arborização urbana, no entanto, é predominantemente alterada.

O adensamento vegetal é crucial para preencher espaços vazios entre áreas em recuperação natural, prevenindo a invasão de espécies exóticas em condições ideais de luz solar abundante. Este processo, conhecido como adensamento, recomenda o plantio de mudas de árvores adaptadas às condições locais para maximizar a cobertura vegetal e promover a regeneração contínua das áreas degradadas.

Pressões Ambientais e Impactos Humanos

Apesar de sua importância ambiental, Paranapiacaba enfrenta várias pressões ambientais devido ao crescimento urbano nas proximidades e às atividades humanas. O avanço de loteamentos irregulares, a expansão agrícola e as mudanças no uso do solo têm impactado negativamente os ecossistemas locais, resultando em fragmentação de habitat, perda de biodiversidade e alterações nos ciclos naturais da água e dos nutrientes.

Políticas de Conservação e Proteção

Para mitigar esses impactos, têm sido implementadas políticas de conservação e proteção ambiental em Paranapiacaba. A região é parte integrante da Área de Proteção Ambiental da Serra do Mar e outras unidades de conservação, que visam preservar a biodiversidade, controlar o uso do solo e promover práticas sustentáveis de manejo dos recursos naturais.

Desafios de Infraestrutura e Sustentabilidade

A infraestrutura limitada, especialmente em termos de saneamento básico e gestão de resíduos, representa um desafio adicional para a sustentabilidade de Paranapiacaba. A vila ainda carece de um sistema adequado de tratamento de água e esgoto, sendo necessário o desenvolvimento de projetos que visem melhorar essas condições sem comprometer a integridade ambiental da região.

Educação Ambiental e Engajamento Comunitário

A educação ambiental e o engajamento comunitário desempenham um papel crucial na promoção da sustentabilidade em Paranapiacaba. Iniciativas educativas, programas de conscientização ambiental e a participação ativa da comunidade são essenciais para promover práticas sustentáveis, conservação dos recursos naturais e mitigação dos impactos ambientais negativos.

Paranapiacaba enfrenta desafios complexos e interligados quando se trata de sustentabilidade ambiental. A preservação da biodiversidade, o manejo adequado dos recursos hídricos e a promoção de práticas sustentáveis são fundamentais para garantir um futuro ambientalmente equilibrado e resiliente para esta importante região histórica e natural. No próximo capítulo, exploraremos a influência cultural e histórica de Paranapiacaba, destacando sua importância como patrimônio cultural e turístico na Serra do Mar.

CAPITULO 6: RELEVO

O relevo de Paranapiacaba revela uma complexidade marcada por suas formações geológicas e processos naturais distintos, que moldam a paisagem única da região. Delimita-se como relevo a forma que a superfície adota por conta do quando está predisposta a processos endógenos e exógenos. Quanto sua formação rochosa formada predominantemente por rochas graníticas, gnáissicas e metamórficas, originadas na era pré-cambriana, há mais de um bilhão de anos. O distrito de Paranapiacaba é cortado pela falha geológica de Cubatão, dividindo-o em dois complexos litológicos: o costeiro e o Embu. As rochas do complexo costeiro situam-se na parte sudoeste, estão delimitadas pela falha geológica e pelas divisas municipais com Santos e Mogi das Cruzes, onde ocorrem migmatitos e quartzitos. A Noroeste, encontram-se as rochas do complexo Embu, também delimitadas pelas divisas de Mogi das Cruzes. Nesta área predominam filitos e metassilitos. Nos fundos do vale, margeados pela ferrovia e pela estrada de Paranapiacaba, há presença de material sedimentar formado por aluviões e colúvios.

No contexto regional, o distrito está inserido no Planalto Paulistano, pertencente à Província Geomorfológica do Planalto Atlântico. O embasamento geológico existente, altamente intemperizado, faz resultar um relevo bastante acidentado, com altas e médias declividades, amplitudes topográficas de até 200 metros com alta densidade e drenagem.

No complexo litológico costeiro, na parte sudoeste, as encostas dos morros são bastante entalhadas e possuem perfil-retilíneo. A amplitude altimétrica pode chegar a 200 metros. São frequentes as nascentes, grutas profundas, solo raso, matacões, topos de morros estreitos e alongados e vales fechados e abruptos. Nas porções superior e média, as declividades diminuem, formando rampas ou platôs. Devido a essas características, tais encostas são muito suscetíveis a fenômenos de escorregamento.

Na parte inserida do complexo de Embu, o relevo apresenta superfícies bastante onduladas, resultantes da ação fluvial intensa, com amplitudes altimétricas em torno de 60 metros, podendo chegar a 100 metros. As declividades das encostas também são acentuadas, devido à menor resistência ao desgaste. Os topos de morros apresentam-se estreitos, isolados por vertentes médias e, localizadamente, por colos.

A altimetria predominante é superior a 850 metros, com nítidas diferenças altimétricas entre suas porções sudoeste e norte. Na porção sudoeste, prevalecem cotas superiores a 900 metros, enquanto ao norte, as cotas ficam entre 800 a 1000 metros. Os pontos mais baixos e mais altos, respectivamente, são o curso do Rio Grande, no trecho paralelo à estrada de Paranapiacaba, entre a estrada da trilha da Pontinha e a ferrovia (780 metros), e o topo do morro ao final do caminho da Bela Vista, após a última das antenas existentes nesse espigão, no limite com o município de Santos.

Foram identificados quatro compartimentos de relevo, que se diferenciam pela litologia e pelos processos que os modelam: dois caracterizados por processos de dissecação (desgaste por agentes erosivos) e dois caracterizados por processos de agradação (acúmulo de sedimentos).

Em cada porção do parque, ocorre um compartimento de dissecação e outro de agradação, segundo dados da EKOS, que no ano de 2006 realizou estudos na região para a construção do plano de manejo do parque. Os compartimentos de dissecação situam-se nos setores mais elevados, os interflúvios, onde passam os limites do parque. Os compartimentos de agradação ocorrem nas planícies fluviais.

O compartimento de agradação mais relevante ocupa o setor central do Parque Nascentes, por onde flui a maior parte do rio Grande, formando platôs e planícies fluviais, por onde foram traçadas trilhas turísticas.

Simplificando o texto - Características Gerais

1. Altitudes e Elevações: Paranapiacaba está situada em altitudes que variam de aproximadamente 500 metros a 900 metros acima do nível do mar, com picos e vales que podem alcançar altitudes superiores, especialmente nas áreas mais próximas à Serra do Mar. Essas variações altimétricas contribuem para a formação de um relevo bastante acidentado e diversificado.

2. Sistema Montanhoso: A região faz parte do complexo da Serra do Mar, que se estende ao longo do litoral sudeste do Brasil. A Serra do Mar é caracterizada por suas elevações íngremes e escarpadas, que oferecem vistas panorâmicas e desafios topográficos únicos para atividades como o ecoturismo e a observação da natureza.

3. Vales e Desnível Topográfico: Entre as montanhas da Serra do Mar, Paranapiacaba possui vales profundos e estreitos, cortados por rios e riachos que serpenteiam pela paisagem. O desnível topográfico é significativo, com diferenças altimétricas que podem variar em centenas de metros ao longo de curtas distâncias horizontais, caracterizando um relevo de grande impacto visual e ambiental.

Formações Geológicas e Hidrografia

1. Formações Rochosas: A Serra do Mar é composta por formações rochosas antigas, predominantemente de origem cristalina e sedimentar, que se formaram ao longo de milhões de anos de atividade geológica. Essas rochas são essenciais para a sustentação do relevo acidentado e abrigam biodiversidade única em seus nichos e cavernas.

2. Rede Hidrográfica: A hidrografia de Paranapiacaba é caracterizada por rios e córregos que fluem das montanhas em direção aos vales e, eventualmente, desaguam em cursos d'água maiores, como o Rio Grande. Esses cursos d'água são essenciais não apenas para o abastecimento local, mas também para a manutenção dos ecossistemas naturais e para a história

econômica da região, especialmente durante o período ferroviário.

Uso e Ocupação do Solo

1. Conservação Ambiental: Grande parte do relevo acidentado e das áreas montanhosas de Paranapiacaba permanece coberta por vegetação nativa de Mata Atlântica, incluindo trechos de floresta em estágios avançados de regeneração. Esse aspecto é crucial para a conservação da biodiversidade regional e para a proteção de espécies endêmicas.

2. Impactos da Urbanização: Áreas mais baixas e planas foram historicamente mais propensas à urbanização e ao desenvolvimento de infraestruturas relacionadas à atividade ferroviária e, posteriormente, ao turismo. A gestão adequada do uso do solo é fundamental para equilibrar o desenvolvimento econômico com a preservação ambiental, garantindo que o relevo e os recursos naturais sejam protegidos para as gerações futuras.

O relevo de Paranapiacaba não só define sua paisagem física, mas também desempenha um papel crucial na ecologia, na história e no desenvolvimento socioeconômico da região. A conservação dessas características distintivas é fundamental para manter a sustentabilidade ambiental e cultural de um dos patrimônios naturais mais preciosos do estado de São Paulo, do Brasil e do mundo.

CAPÍTULO 7: ATRAÇÕES TURÍSTICAS

Paranapiacaba é um destino turístico singular, cujo apelo reside na combinação de sua rica história ferroviária com a exuberância de suas paisagens naturais preservadas. Este capítulo explora as principais atrações que tornam esta vila um ponto de interesse tanto para visitantes locais quanto internacionais.

Principais Pontos Turísticos

1. Vila de Paranapiacaba: O coração histórico da vila mantém suas características originais britânicas, com casas de madeira, ruas arborizadas e o icônico Castelinho, antiga residência do Engenheiro Superintendente da São Paulo Railway Co. O Castelinho hoje abriga um museu que retrata a era dourada da ferrovia.

2. Estação Ferroviária: Construída no século XIX, a estação é um exemplo marcante da arquitetura ferroviária inglesa. Oferece uma visão histórica e funcional da operação ferroviária que impulsionou o desenvolvimento da região.

3. Museu Funicular: Localizado nos galpões do pátio ferroviário, este museu exibe locomotivas históricas, o carro fúnebre, máquinas fixas e outras peças que contam a história técnica e operacional da ferrovia.

4. Parque Natural Municipal Nascentes de Paranapiacaba: Com cerca de 4,2 km² de Mata Atlântica preservada, o parque oferece trilhas diversas que exploram cachoeiras, nascentes e uma rica biodiversidade. Destacam-se as trilhas da Pontinha, do Mirante e da Água Fria, cada uma proporcionando experiências únicas de contato com a natureza.

5. Centro de Documentação em Arquitetura e Urbanismo: Possui uma exposição sobre a formação da vila

6. Mercadão: onde você encontra diversos aperitivos tradicionais de Paranapiacaba.

7; Casa Fox: Antiga casa de operários toda preservada com o estilo da época

Trilhas e Áreas Naturais

Paranapiacaba é abençoada com uma abundância de trilhas que levam os visitantes por paisagens deslumbrantes e ecossistemas diversos. Aqui estão algumas das trilhas mais populares e áreas naturais para explorar:

1. Trilha da Pontinha: Esta trilha leva os caminhantes por uma jornada de descoberta, passando por riachos e áreas de mata densa. É uma excelente opção para quem busca uma caminhada leve em meio à natureza exuberante.

2. Trilha do Mirante: Conhecida pelo seu ponto de vista panorâmico, esta trilha oferece vistas deslumbrantes da vila de Paranapiacaba e das áreas circundantes. É ideal para fotografias e para contemplar o pôr do sol.

3. Trilha da Água Fria: Uma trilha mais desafiadora que leva os visitantes por terrenos variados, incluindo trechos íngremes e áreas de floresta densa. O destaque é a Cascata da Água Fria, uma bela queda d'água que recompensa os esforços dos exploradores.

4. Parque Estadual da Serra do Mar: Localizado nas proximidades, este parque estadual protege uma extensa área de Mata Atlântica e oferece trilhas adicionais que exploram os diferentes ecossistemas da região, incluindo áreas de maior altitude e vegetação exuberante.

Paranapiacaba é mais do que um destino turístico; é um convite para explorar a interseção entre a história industrial e a beleza natural. Com suas trilhas desafiadoras, pontos históricos bem preservados e áreas naturais exuberantes, a vila proporciona uma experiência enriquecedora para todos os que a visitam, promovendo a conexão com o passado enquanto se desfruta da serenidade e da biodiversidade do ambiente natural.

CAPITULO 8: PROBLEMAS CONTEMPORÂNEOS

Os desafios ambientais enfrentados na região de Paranapiacaba e Parque Andreense, e como a Prefeitura de Santo André tem respondido a essas questões através de sua política ambiental. Desde a implementação da Lei 7.733/98, a cidade tem promovido ações significativas de educação ambiental, focando na gestão e conservação dos recursos naturais.

A gestão ambiental na área é dividida entre o Semasa, que cuida da área urbana e parte dos mananciais como Recreio da Borda do Campo e Parque Miami e Riviera, e a Secretaria de Gestão de Recursos Naturais de Paranapiacaba e Parque Andreense, responsável pela gestão ambiental na região de Paranapiacaba.

Essa descentralização da gestão iniciou em 2001 e, apesar das áreas distintas de atuação, muitas vezes as ações são complementares e realizadas em parceria. A Secretaria de Gestão de Recursos Naturais de Paranapiacaba e Parque Andreense (SGRNPPA) desempenha papel crucial nas áreas de fiscalização, licenciamento, controle ambiental, gestão de recursos naturais, além de promover educação e extensão ambiental.

No campo da Educação Ambiental, as ações são coordenadas pelo Departamento de Meio Ambiente, especificamente pela Gerência de Educação e Extensão Ambiental (GEEA), desde 2001. Essas iniciativas visam desenvolver a consciência ambiental e promover a cidadania ativa em diferentes públicos, incluindo escolas, comunidades e organizações não governamentais.

Destacamos alguns programas importantes:

Programa Vivágua: Promove discussões sobre problemas socioambientais locais e globais, planejando ações educativas para alunos e comunidade.

Programa de Formação de Agentes Ambientais Mirins e Juvenis: Oferece formação contínua para crianças, utilizando estudos do meio, visitas e oficinas para sensibilização ambiental.

Programa de Jovens – Meio Ambiente e Integração Social: Parceria com a UNESCO para formação ambiental de adolescentes, preparando-os para o mercado de trabalho sustentável.

Além desses, há o Programa de visitas monitoradas à Escola de Formação Ambiental Billings, o Programa de Educação em Cidadania, Saúde e Meio Ambiente e o Programa de Formação Ambiental Continuada de agentes comunitários de saúde, entre outros, todos focados em educar e envolver a população na conservação ambiental.

Essas iniciativas têm contribuído significativamente para o envolvimento da comunidade local na preservação dos recursos naturais da região de Paranapiacaba e Parque Andreense.

ATIVIDADE	PÚBLICO ATENDIDO (n° de pessoas)
1. Programas e ações educativas contínuas	15.191
2. Ações pontuais integradas aos programas educativos contínuos desenvolvidos	33.942
3. Campanhas domiciliares	14.738
Total	63.871

Tabela: Público atendido pelas atividades de educação ambiental da GEEA no período 2002 a 2011.

CAPITULO 9: A PRESERVAÇÃO DA FERROVIA

No final da década de 1940, precisamente em 1946, com o término da concessão da São Paulo Railway Company Ltd. (SPR) e a falta de acordo entre os ingleses e o Governo Federal, a ferrovia e todo seu patrimônio passaram a ser controlados pela União. No ano seguinte, em 1947, a Vila de Paranapiacaba enfrentou um de seus maiores desafios socioeconômicos com a inauguração da Rodovia Anchieta. Esta nova via ofereceu uma alternativa de transporte mais eficiente entre o porto e a metrópole, competindo diretamente com a ferrovia e deslocando grande parte do transporte de cargas. Isso resultou no declínio das operações ao longo do eixo central da ferrovia, impactando negativamente a economia local.

Em 1957, com a criação da Rede Ferroviária Federal S.A. (RFFSA) por Juscelino Kubitschek, houve uma mudança significativa no gerenciamento da malha ferroviária nacional. Mais tarde, em 1996, o transporte de passageiros na ferrovia foi encerrado e a exploração passou para o regime de concessão, sendo operada pela empresa privada MRS Logística.

Em 2002, após a compra pela Prefeitura Municipal de Santo André, foi implementado o Programa de Gestão do Desenvolvimento Local Sustentável de Paranapiacaba, intensificando os esforços de recuperação desse patrimônio. Desde então, a vila tem sido compreendida e gerida como uma paisagem cultural, o que inclui a preservação de suas porções territoriais, sítios históricos, ecológicos e urbanos, integrando diversos aspectos multidisciplinares como patrimônio cultural, natural, imaterial e ambiental urbano. Esta abordagem visa relacionar conceitos de memória e história com os campos da geografia, antropologia, urbanismo, planejamento urbano e gestão territorial, além de políticas culturais, ambientais, econômicas e sociais integradas.

Os esforços de preservação e desenvolvimento da Vila de Paranapiacaba começaram a ser delineados desde 1999, quando a Secretaria do Desenvolvimento Urbano e Habitação de Santo André solicitou ao Laboratório de Urbanismo da Metrópole (LUME), da Faculdade de Arquitetura e Urbanismo da Universidade de São Paulo (FAU-USP), a elaboração do "Plano de Desenvolvimento Sustentável da Vila de Paranapiacaba". Este plano foi fundamental para caracterizar a vila e identificar seu potencial físico e natural.

Em 2001, a criação da Subprefeitura de Paranapiacaba e Parque Andreense permitiu a implantação de uma gestão municipal descentralizada, articulando políticas de desenvolvimento urbano, econômico e social com foco na preservação do patrimônio e na promoção da participação comunitária.

Para avançar na política de desenvolvimento estratégico do município de Santo André, foi apresentado o Plano Patrimônio de Paranapiacaba, um documento essencial para incluir a vila no cenário turístico nacional.

Durante uma visita à vila de Paranapiacaba em outubro de 2015, constatou-se que as obras de restauração não haviam sido concluídas e que havia sinais de degradação na ferrovia e em algumas casas. Isso evidencia a necessidade urgente de maior atenção para a preservação desses elementos históricos e patrimoniais, evitando sua deterioração ao longo do tempo.

COMO CHEGAR EM PARANAPIACABA

De carro (Via Anchieta): Siga pela Via Anchieta até o Km 29. Após cruzar sobre a Represa Billings, utilize a saída 29 (Caminhos do Mar, Polo Ecoturístico), em direção à Rodovia SP 148 (Estrada Velha de Santos). Continue até o Km 33 da SP 148 e pegue a Rodovia SP 31 (Índio Tibiriça). No trevo do Km 45,5 da SP 31, vire à esquerda em direção a SP 122 (Adib Chamas). Depois de passar por Rio Grande da Serra, siga por mais 7Km até chegar a Paranapiacaba;

De carro (Via Imigrantes): Siga pela Rodovia dos Imigrantes até a saída para o Rodoanel Sul. Após o pedágio do Rodoanel, siga em direção a Mauá por mais ou menos 5Km, até encontrar a saída para o litoral. Ao chegar na Rodovia Anchieta, siga até o Km 29. Após cruzar sobre a Represa Billings, utilize a saída 29 (Caminhos do Mar, Polo Ecoturístico), em direção à Rodovia SP 148 (Estrada Velha de Santos). Continue até o Km 33 da SP 148 e pegue a Rodovia SP 31 (Índio Tibiriça). No trevo do Km 45,5 da SP 31, vire à esquerda em direção a SP 122 (Adib Chamas). Depois de passar por Rio Grande da Serra, siga por mais 7Km até chegar a Paranapiacaba;

De ônibus: Não é lá muito fácil se chegar de ônibus a Paranapiacaba. Os ônibus da Viação Ribeirão (linha 040) partem de Santo André (Terminal Rodoviário Prefeito Saladino) rumo a Rio Grande da Serra a cada 30 minutos. A viagem tem a duração de aproximadamente 2h. Em Rio Grande da Serra é preciso tomar outro ônibus que vai até a "Parte Alta" da vila de Paranapiacaba. O percurso é feito em 25 minutos. De 2ª à 6ª, os ônibus parte de hora em hora (sempre nas meias-horas) e nos fins de semana e feriados de meia em meia hora.

De trem (comum): Os trens da CPTM (Linha 10 – Turquesa) partem da Estação do Brás em direção à cidade de Rio Grande da Serra. A viagem tem a duração de 50 minutos e o intervalo de partida dos trens varia conforme o período do dia.

Em Rio Grande da Serra é preciso tomar outro ônibus que vai até a "Parte Alta" da vila de Paranapiacaba. De 2ª à 6ª, os ônibus parte de hora em hora (sempre nas meias-horas) e nos fins de semana e feriados de meia em meia hora.

De trem (Expresso Turístico): A viagem só é oferecida aos domingos (com exceção do segundo domingo do mês) e é realizada por uma composição totalmente reformada (dois vagões de aço inoxidável fabricados no Brasil na década de 50 e tracionados por uma locomotiva da mesma época). O trem parte da Estação da Luz às 8h30 e faz uma parada na Estação Prefeito Celso Daniel, em Santo André, às 9h. O embarque pode ser realizado em qualquer das duas estações, com tarifa diferenciada. Durante o percurso, monitores dão informações históricas sobre a ferrovia e as estações por onde o trem passa. O trem parte de Paranapiacaba em direção à São Paulo às 16h30. O percurso de 48km é realizado em 1h30.

GALERIA DE IMAGENS

Museu Castelinho

Trilha do Poço Formoso

Próxima à Vila de Paranapiacaba, a Trilha do Poço Formoso tem como foco principal, a chegada à várias piscinas naturais de águas cristalinas com diferentes profundidades. Durante a caminhada pela trilha desfrutaremos de linda beleza cênica e clima agradável, sombreados pela rica e diversa flora da Mata Atlântica...

Estação ferroviária

Trilha do Mirante + Parque Nascentes

A Trilha do Mirante é um clássico de Paranapiacaba. Caminhando e contemplando as belezas do local, atravessaremos o Parque Natural Municipal Nascentes de Paranapiacaba (PNMNP) e entraremos em área do Parque Estadual da Serra do Mar, até chegarmos à antiga plataforma que sustentava a torre da extinta TV Tupi, que chamamos de Mirante, devido a nos possibilitar uma visão privilegiada, devido à sua altitude...

Trilhas das Nascentes do Rio Pinheiros

Este passeio consiste em fazermos as 03 trilhas do Parque Natural Municipal Nascentes de Paranapiacaba (PNMNP) que são as nascentes do Rio Pinheiros, sendo: o Complexo Olho d'Água, a Trilha da Água Fria e a Trilha da Pontinha. Boa parte da caminhada é por uma estradinha de terra batida, que foi aberta em 1862 pelo fundador da "Parte Alta de Paranapiacaba", e é utilizada até hoje na ligação de Paranapiacaba à Mogi das Cruzes.

Trilha da Cachoeirinha Escondida

Trilha da Cachoeirinha Escondida na região de Paranapiacaba recebeu este nome não foi por menos. É uma bela e pequena cachoeira que fica incrustada nos desníveis das escarpas da Serra do Mar, já na região de Santos. Depois de uma agradável caminhada, rodeada de belas árvores da nossa rica flora local, chegamos a uma refrescante queda d´água, onde se pode recompor as energias e descansar para o retorno...

Passarela Metálica

A GEOGRAFIA DE PARANAPIACABA

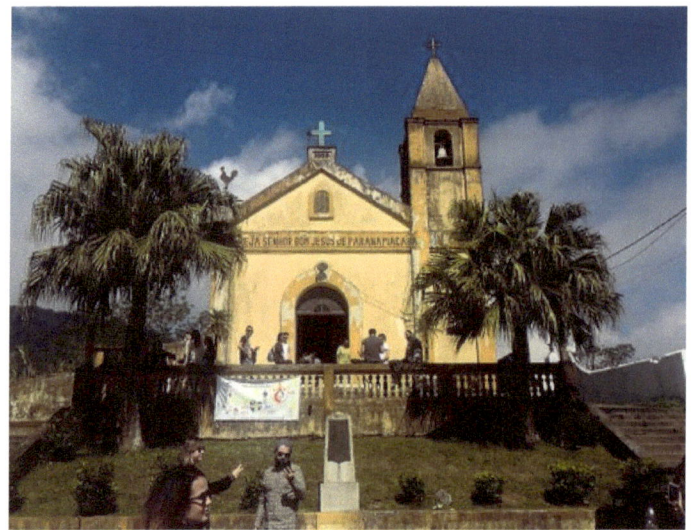
Igreja de Bom Jesus

Casa Fox

A GEOGRAFIA DE PARANAPIACABA

A GEOGRAFIA DE PARANAPIACABA

Um dos marcos da Parte Baixa de Paranapiacaba, o Pau-da-missa, um exemplar de eucalipto centenário onde eram afixadas mensagens dos moradores locais. De acordo com técnicos da Secretaria de Gestão de Recursos Naturais de Paranapiacaba e Parque Andreense, a medida foi adotada por questão de segurança, após um laudo elaborado pelo Departamento de Áreas Verdes da prefeitura indicar que o eucalipto havia cumprido seu ciclo de vida e estava condenado.

Representantes do Conselho de Defesa do Patrimônio Histórico Artístico, Arquitetônico-urbanístico e Paisagístico de Santo André (Condephapaasa) e da Defesa Civil acompanharam o serviço. A árvore já havia sido podada duas vezes, em 2007 e 2008, mas continuava a inclinar-se, ameaçando cair devido ao peso dos troncos e galhos que voltavam a brotar. Como o eucalipto estava em uma via pública, poderia atingir pedestres.

O mesmo laudo – solicitado pelo Condephapaasa – recomendou uma poda drástica. Seguindo a determinação do Conselho de Defesa do Patrimônio, o serviço foi realizado, e o tronco que contribuía para a inclinação foi retirado e mantido ao lado do Pau-da-missa, pois continha alguns exemplares de bromélias.

O Pau-da-missa tem uma importância histórica para os moradores. Além de integrar a paisagem da Vila, ele está na memória coletiva como o local onde eram afixados avisos da Igreja do Senhor Bom Jesus de Paranapiacaba, localizada na Parte Alta da Vila. Devido à origem inglesa da Parte Baixa, que contava apenas com uma igreja protestante, era por meio da árvore que os moradores se inteiravam de notícias sobre missas, casamentos e batizados.

REFERÊNCIAS BIBLIOGRÁFICAS

APRM. Disponível em: https://www.infraestruturameioambiente.sp.gov.br/cpla/2013/03/aprm-area-de-protecao-e-recuperacao-de-mananciais/. Acessado em: 19/06/2020.

APRM-B Infraestrutura e Meio Ambiente. Disponível em: https://www.infraestruturameioambiente.sp.gov.br/legislacao/tag/aprm-b/. Acessado em: 19/06/2020.

CONAMA. Disponível em: http://www2.mma.gov.br/port/conama/. Acessado em: 19/06/2020.

EFA Billings. Educação Ambiental na região de Paranapiacaba e Parque Andreense.

INPA Grupo de Estudos Estratégicos Amazônicos - GEEA.

Lei Estadual n° 1.172/76. Disponível em: https://www.al.sp.gov.br/norma/29141. Acessado em: 19/06/2020.

Lei Estadual n° 9.866/97. Disponível em: https://www.infraestruturameioambiente.sp.gov.br/portalmananciais/legislacao-estadual/#:~:text=Ap%C3%B3s%2020%20anos%2C%20a%20necessidade,do%20Estado%20de%20S%C3%A3o%20Paulo. Acessado em: 19/06/2020.

Legislação CONAMA. Disponível em: https://www.infraestruturameioambiente.sp.gov.br/legislacao/category/resolucao-conama/.

Prefeitura de Santo André. Disponível em: https://www2.santoandre.sp.gov.br/index.php/paranapiacaba. Acessado em: 19/06/2020.

Portal da SMA. Disponível em: https://www.saobernardo.sp.gov.br/web/sma/represa-billings-nossa-agua-nossa-vida?inheritRedirect=true. Acessado em: 19/06/2020.

Programa Vivágua. Disponível em: https://www.digitalwater.com.br/. Acessado em: 19/06/2020.

Projeto RadamBrasil. Disponível em: https://biblioteca.ibge.gov.br/visualizacao/livros/liv24027.pdf](https://biblioteca.ibge.gov.br/visualizacao/livros/liv24027.pdf).

Semasa. Disponível em: http://www.semasa.sp.gov.br/. Acessado em: 19/06/2020.

SOBRE O AUTOR

José Ruiz Watzeck

Jornalista, Escritor, Autor, Geógrafo, Matemático, Professor, Neuropsicopedagogo, Especialista em Docência do Ensino Superior, Pós graduado em Auditoria, Gestão e Licenciamento Ambiental, Pós graduado em Geoprocessamentos e Georreferenciamentos, Pedagogo, especialista em Astronomia e Astrofísica.

www.ingramcontent.com/pod-product-compliance
Lightning Source LLC
Chambersburg PA
CBHW040235220526
45473CB00001B/246